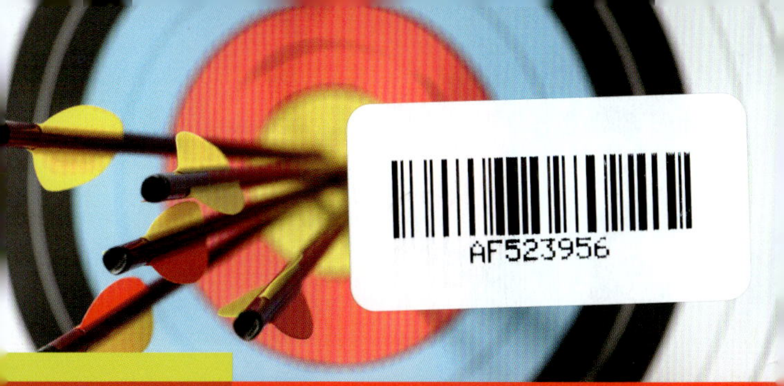

Axelle de Roy
Madeleine Lomans

Fähigkeiten – Werte – Ziele

Ein Kartenset für die spielerische Laufbahnberatung

Titel der Originalausgabe:

Spelen met Talenten. Originele en doeltreffende loopbaanvragen
by Axelle de Roy & Madeleine Lomans.

aus dem Niederländischen übersetzt von Waltraud Heitzer-Gores

Bibliografische Information der Deutschen Nationalbibliothek
Die Deutsche Nationalbibliothek verzeichnet diese Publikation in der Deutschen Nationalbibliografie; detaillierte bibliografische Daten sind im Internet über http://dnb.dnb.de abrufbar.

Hogrefe Verlag GmbH & Co. KG
Merkelstraße 3
37085 Göttingen
Deutschland
Tel. +49 551 999 50 0
Fax +49 551 999 50 111
info@hogrefe.de
www.hogrefe.de

Umschlagabbildung: © iStock.com by Getty Images / enviromantic
Druck: Pario Print, Kraków
Printed in Poland
Auf säurefreiem Papier gedruckt

1. Auflage 2020

ISBN 978-3-8017-3055-0
http://doi.org/10.1026/03055-000

Inhaltsverzeichnis

1 Einsatzbereich des Kartensets

Was will ich im Job erreichen? In welche Richtung will ich mich beruflich weiterentwickeln? Wo liegen meine Stärken? Mit diesen Fragen suchen Klientinnen und Klienten eine Berufs- oder Karriereberatung bzw. ein Coaching auf.

Das Kartenset bietet eine Möglichkeit, spielerisch an diese Fragen heranzugehen. Es kann Menschen dabei unterstützen, herauszufinden, welche Fähigkeiten sie haben, was ihnen Spaß macht und was ihnen wichtig ist. Auf der Basis der gewonnenen Erkenntnisse lassen sich entsprechende Ziele ableiten und Schritte zu deren Umsetzung planen.

Dieses Booklet enthält eine Spielanleitung für den Einsatz der Karten in einer Gruppe. Die Karten lassen sich jedoch auch in einer Einzelberatung bzw. im Einzelcoaching anwenden.

Rahmenbedingungen

Teilnehmende: 1 bis 4 Spielerinnen und Spieler (Klientinnen und Klienten, Studierende) und eine Person, die das Spiel leitet (Spielleitung durch: Karrierecoach, Trainer/Trainerin, Studienberater/Studienberaterin, Manager/Managerin, Personalmanager/Personalmanagerin)

Dauer: 2 Stunden

2 Inhalt des Kartensets

Das Kartenset besteht aus 80 Karten:

- **15 Fähigkeiten-Karten:** Diese Karten enthalten Fragen, die zum Nachdenken über die eigenen Fähigkeiten anregen.
- **15 Werte-Karten:** Die Fragen auf diesen Karten bieten Ansatzpunkte, um seine persönlichen Werte zu reflektieren.
- **15 Feedback-Karten:** Mithilfe dieser Karten werden ein oder zwei andere Mitspielende anhand einer vorgegebenen Frage um eine Antwort bzw. ein Feedback gebeten. Die Antwort kann weitere Denkanstöße in Bezug auf die eigenen Fähigkeiten oder Werte liefern.
- **15 Ziele-Karten:** Diese Karten können dabei helfen, mehr über die eigenen beruflichen Wünsche und Ziele herauszufinden.
- **15 Aktionskarten:** Auf den Aktionskarten sind kleine Aufgaben formuliert, die bereits erste konkrete Schritte zur Erreichung des Ziels darstellen.
- **4 Magische Karten:** Diese Karten enthalten Fragen, die eingesetzt werden können, um bei einzelnen Mitspielenden nachzuhaken, um so mehr über deren Fähigkeiten, Interessen oder Werte zu erfahren.
- **1 Diamantkarte:** Diese Karte kann ausgespielt werden, um die gerade erzählende Person zum Weitererzählen zu animieren.

Zusätzliches Material: Protokollbogen zum Spiel (Download unter https://www.hogrefe.de/downloads/roy-lomans)

3 Vorbereitung

- Laden Sie den Protokollbogen zum Spiel herunter und drucken Sie ihn mehrfach aus (https://www.hogrefe.de/downloads/roy-lomans).
- Legen Sie sich eine Stoppuhr zurecht (z. B. die auf dem Smartphone).
- Überreichen Sie jedem Spieler und jeder Spielerin eine Magische Karte und erklären Sie, dass auf der Karte Fragen stehen, die anderen Mitspielenden gestellt werden können, um nachzuhaken und um die bereits erhaltenen Antworten weiter zu differenzieren.
- Legen Sie die Diamantkarte in die Mitte. Erklären Sie, dass diese Karte immer dann einer Person überreicht werden kann, wenn man den Eindruck hat, dass diese Person gerade voller Leidenschaft erzählt.
- Händigen Sie allen Anwesenden ein Exemplar des Protokollbogens aus. Empfehlen Sie den Teilnehmenden, sich während des Spiels darauf Notizen zu machen.
- Begriffsklärung. Besprechen Sie in der Runde, noch bevor Sie mit dem Spiel anfangen, was die anwesenden Personen unter den Begriffen „Fähigkeiten" und „Werte" verstehen. (Wir als Autorinnen meinen mit Fähigkeiten „das, was jemand gut kann". Unter Werten verstehen wir „das, was einem wichtig ist".)
- Sorgen Sie für eine störungsfreie Umgebung und eine angenehme Atmosphäre, in der sich jeder frei und wertgeschätzt fühlen kann.

4 Spielablauf

Das Spiel wird in 10 Runden gespielt. Bei den Runden 2 bis 8 werden die Spielkarten verwendet, dabei liegt jeweils ein Stapel Karten auf dem Tisch. Die Runden werden folgendermaßen gespielt:

1. **Eingangsfragen** (ohne Spielkarten): Jede Spielerin und jeder Spieler formuliert eine Eingangsfrage (falls nötig, hilft der Spielleiter bzw. die Spielleiterin). Die Eingangsfrage ist die zentrale berufliche Frage, wegen der eine Person die Beratung aufgesucht hat, und die sie im Laufe des Spiels beantworten möchte. Beispiele hierfür können sein: „Wohin möchte ich mich beruflich weiterentwickeln?“, „Wo soll ich mein Praktikum absolvieren?“, „Wie kann ich meine Sportbegeisterung beruflich umsetzen?“, „Wo möchte ich in drei Jahren stehen?“. Alle schreiben ihre Eingangsfrage auf den Protokollbogen und teilen die Frage mit der Gruppe. Anschließend beginnt das Spiel mit Runde 2.
2. **Fähigkeiten-Karten:** Die Fähigkeiten-Karten werden als Stapel und mit der Rückseite (Aufschrift „Fähigkeiten“) nach oben auf den Tisch gelegt. Die jüngste Person (im Folgenden: Spielerin 1) nimmt eine Karte vom Stapel, liest die Frage vor und beantwortet sie. Die anderen Mitspielenden und die Spielleitung können dann nachhaken. Dieses Nachhaken hilft dabei, die tatsächlichen Fähigkeiten der erzählenden Person zutage zu fördern. Nach einigen Minuten kommt die Person, die links von Spielerin 1 sitzt, an die Reihe. Im Uhrzeigersinn geht es weiter, bis alle Spielenden eine Frage beantwortet haben.
3. **Fähigkeiten-Karten:** Wie Runde 2. Nach dieser Runde werden die Fähigkeiten-Karten zur Seite gelegt.
4. **Werte-Karten:** Der Stapel mit den Werte-Karten wird mit der Rückseite (Aufschrift „Werte“) nach oben auf den Tisch gelegt. Wie in Runde 2 wird reihum eine Frage beantwortet. Nach dieser Runde werden die Werte-Karten zur Seite gelegt.
5. **Feedback-Karten:** Der Stapel mit den Feedback-Karten wird mit der Rückseite (Aufschrift „Feedback“) nach oben auf den Tisch gelegt. Spielerin 1 nimmt eine Karte vom Stapel, liest die Frage vor und bittet ein oder zwei Mitspielende, die Frage zu be-

antworten. Spielerin 1 und die Spielleitung können um Erläuterung der Antwort (bzw. des Feedbacks) bitten. Nach einigen Minuten ist die Person, die links von Spielerin 1 sitzt, an der Reihe. Im Uhrzeigersinn geht es weiter, bis alle an der Reihe waren.

6. **Feedback-Karten:** wie Runde 5. Nach dieser Runde werden die Feedback-Karten zur Seite gelegt.
7. **Ziele-Karten:** An dieser Stelle erfolgt eine kurze Pause, in der die Spielleiterin bzw. der Spielleiter für alle anderen eine Ziele-Karte aussucht, die zur Eingangsfrage der jeweiligen Person passt. Nach der Pause bekommt Spielerin 1 die für sie ausgewählte Karte. Sie liest die Frage vor und gibt darauf eine Antwort. Anschließend hakt die Spielleitung nach, und sie bringt die Antwort in einen Zusammenhang mit der Eingangsfrage von Spielerin 1. Bei den anderen Personen (Reihenfolge im Uhrzeigersinn) wird genauso vorgegangen.
8. **Aktionskarten:** Die Aktionskarten werden mit der Vorderseite nach oben auf dem Tisch verteilt. Alle Spielenden suchen nun eine Karte für die Person links von sich aus. Der Inhalt der Aktionskarte sollte zur Eingangsfrage der entsprechenden Person passen. Dieser Vorgang kann ein paar Minuten dauern. Wenn alle eine Karte gefunden haben, gibt Spielerin 1 ihre Karte an die Person zu ihrer Linken (Spieler 2). Spieler 2 liest die Frage auf der Karte vor und beantwortet sie (oder führt die Handlung aus, die auf der Karte steht). Anschließend gibt Spieler 2 die Karte, die er ausgesucht hat, an die Person zu seiner Linken (Spielerin 3). Das Spiel geht auf diese Weise weiter, bis alle an der Reihe waren.
9. **Reflexionsrunde** (ohne Spielkarten): Spielerin 1 berichtet, welche Einsichten sie durch das Spiel gewonnen hat und welche konkreten Pläne sie nun hat. Anschließend berichtet Spieler 2, welche Einsichten er gewonnen hat usw.

10. **Abschlussrunde** (ohne Spielkarten): Die Spielleitung trifft in dieser Runde konkrete Absprachen mit allen Teilnehmenden in Bezug auf die für sie ausgesuchten Aktionen (vgl. Schritt 8). Dies kann beispielsweise sein:
    - Mit jeder Spielerin und jedem Spieler ein Coaching-Gespräch vereinbaren.
    - Alle Teilnehmenden geben der Spielleiterin bzw. dem Spielleiter nach einem Monat eine Rückmeldung per E-Mail, welche Erfahrungen sie mit der durchzuführenden Aktion gemacht haben.
    - Jeder nimmt – nachdem er bzw. sie die Aktion auf der Karte umgesetzt hat – Kontakt zu derjenigen Person auf, die die Aktionskarte ausgewählt hatte.

5 Tipps für die Durchführung

- Arbeiten Sie mit einer Stoppuhr, damit Sie im Zeitrahmen bleiben. Als Richtlinie gilt: 2 bis 3 Minuten pro Frage.
- Wenn eine Frage beantwortet wurde, wird die Karte zurück unter den Stapel gelegt.
- Wenn mit nur einer Person gespielt wird (Einzelgespräch), geben Sie als Spielleitung Feedback. Die Person kann aber auch die Feedback-Karten mit nach Hause nehmen und sie dort jemand anderem (z.B. einem Freund oder einer Angehörigen) vorlegen.
- Empfehlen Sie den Teilnehmenden, sich auf dem Protokollbogen Notizen zu machen und auch die Eingangsfrage darauf schriftlich festzuhalten. Alle anderen Fragen dienen letztlich dazu, auf diese Frage eine Antwort zu finden.

- Es ist ratsam, die Eingangsfragen aller Teilnehmenden aufzuschreiben, damit Sie während des Spiels gezielt nachhaken können. Beziehen Sie sich, wenn möglich, immer wieder auf die Eingangsfrage, z.B. indem Sie fragen: „Welchen Bezug hat diese Antwort zu Ihrer Eingangsfrage?“. Dies hilft dabei, während des Spiels beim Thema zu bleiben.
- Die Spieler und Spielerinnen dürfen sich (sehr gern sogar) gegenseitig Fragen stellen. Die Magischen Karten können dabei sehr nützlich sein.
- Eine Gelegenheit für die Spielenden, sich mit noch mehr Fragen auseinanderzusetzen, kann folgendermaßen geschaffen werden: Schlagen Sie vor, dass auch diejenigen, die gerade nicht an der Reihe sind, die gerade gestellte Frage im Stillen für sich selbst beantworten und die Antwort auf dem Protokollbogen festhalten.
- Die Diamantkarte kann sowohl von den Spielenden als auch von der Spielleitung eingesetzt werden. Die Diamantkarte kann derjenigen Person, die gerade voller Enthusiasmus und aus tiefstem Herzen erzählt, überreicht werden. Diese symbolische Handlung macht der erzählenden Person ihre Leidenschaft noch stärker bewusst.
- Das Spiel dauert, so wie es hier beschrieben ist, etwa 2 Stunden. Wenn Sie mehr Zeit haben und länger spielen wollen, können Sie einzelne Runden öfter spielen, als in der Anleitung angegeben ist. Wenn Sie sich für Extrarunden entscheiden, gehen Sie vorzugsweise von den Eingangsfragen der Teilnehmenden aus (z.B. Bedarf an mehr Einsicht in die Fähigkeiten, an weiterem Feedback etc.).

6 Die Autorinnen

Axelle de Roy und Madeleine Lomans betreiben das Trainingsbüro Lomans & De Roy. Nach dem Motto „Lernen darf auch Spaß machen“ arbeiten sie in ihren Trainings viel mit Spielen. Lomans & De Roy ist bekannt für seine lebensnahen Management- und Trainingsspiele, bei denen die Teilnehmenden in geschütztem Rahmen zusammen mit erfahrenen Trainingsschauspielerinnen und -schauspielern ihre Fähigkeiten verbessern können. Mehr Informationen finden Sie auf: www.lomansenderoy.nl

7 Beispielkarten

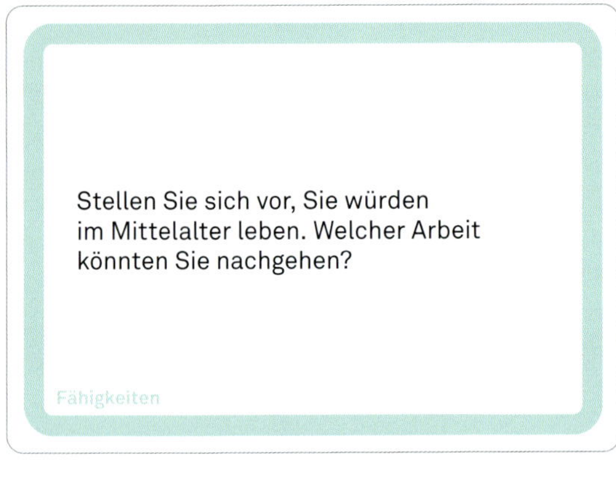

Wie lautet Ihr Lebensmotto?
Welcher Wert kommt darin zum Ausdruck?

Werte

Was würden Sie Ihrem Lebenslauf gern hinzufügen?

Ziele

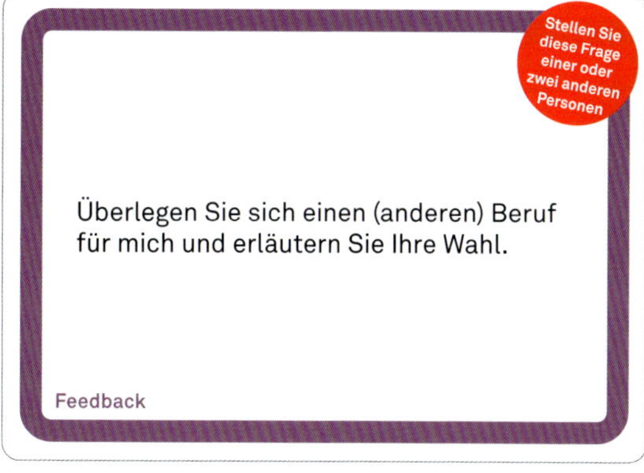

Welche Fähigkeiten haben Sie durch dieses Spiel (wieder-)entdeckt? Beschreiben Sie so präzise wie möglich, wie Sie diese Fähigkeiten stärker einbringen werden.

Aktion

Was sagt diese Antwort über Ihre Fähigkeiten aus?
Was sagt diese Antwort über Ihre Interessen aus?
Was sagt diese Antwort über Ihre Werte aus?
Welchen Bezug hat diese Antwort zu Ihrer Eingangsfrage?

Magische Karte

8 Protokollbogen

Der Protokollbogen kann heruntergeladen werden unter: https://www.hogrefe.de/downloads/roy-lomans

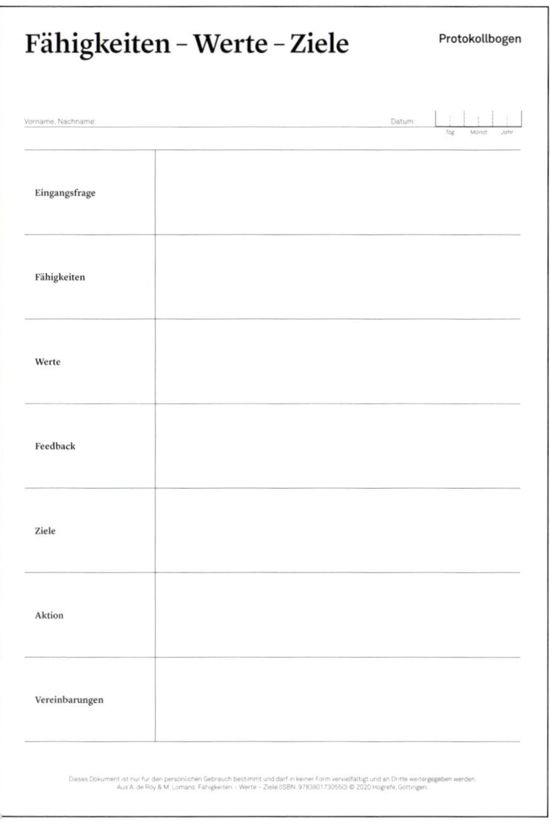

Fähigkeiten – Werte – Ziele — Protokollbogen

Vorname, Nachname: ____ Datum: __ (Tag) __ (Monat) __ (Jahr)

Eingangsfrage	
Fähigkeiten	
Werte	
Feedback	
Ziele	
Aktion	
Vereinbarungen	